AF468925

LA DÉFENSE SANITAIRE DES VILLES

LES BUREAUX D'HYGIÈNE

Conférence faite le 14 Avril 1891 au Palais Saint-Pierre
sous les auspices de la
Société des Anciens Élèves de la Martinière

PAR LE

Dr Gabriel ROUX

DIRECTEUR DU BUREAU MUNICIPAL D'HYGIÈNE
DE LA VILLE DE LYON
CHEF DES TRAVAUX DE CLINIQUE MÉDICALE A LA FACULTÉ DE MÉDECINE
PRÉSIDENT DE LA SOCIÉTÉ BOTANIQUE DE LYON

LYON
IMPRIMERIE LÉON DELAROCHE ET Cie
10, PLACE DE LA CHARITÉ, 10

1861

LA

DÉFENSE SANITAIRE

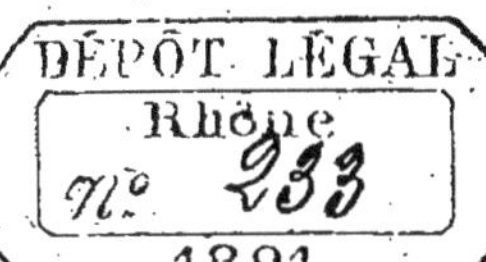

DES VILLES

LES BUREAUX D'HYGIÈNE

Conférence faite le 14 Avril 1891 au Palais Saint-Pierre
sous les auspices de la
Société des Anciens Élèves de la Martinière

PAR LE

Dr Gabriel ROUX

DIRECTEUR DU BUREAU MUNICIPAL D'HYGIÈNE
DE LA VILLE DE LYON
CHEF DES TRAVAUX DE CLINIQUE MÉDICALE A LA FACULTÉ DE MÉDECINE
PRÉSIDENT DE LA SOCIÉTÉ BOTANIQUE DE LYON

LYON
IMPRIMERIE LÉON DELAROCHE ET Cie
10, PLACE DE LA CHARITÉ, 10

1891

LA

DÉFENSE SANITAIRE DES VILLES

LES BUREAUX D'HYGIÈNE

Mesdames, Messieurs,

Lorsque quelques-uns d'entre vous m'ont fait l'honneur de me demander d'être pour la troisième fois votre conférencier je n'ai pas hésité à accepter la lourde charge mais aussi la grande joie qu'ils venaient m'offrir, car, vous le savez, je suis des vôtres et je serai toujours trop heureux de me retrouver au milieu de vous.

Mais, je l'avoue bien sincèrement, si j'ai accueilli avec bonheur votre demande j'ai été bien embarrassé lorsqu'il s'est agi de faire choix d'un sujet qui ne fut en même temps ni trop aride, ni trop banal, ni trop savant. J'ai songé de suite à ce qui fait maintenant l'objet de mes constantes préoccupations : *La défense de la santé publique*, et j'ai proposé à vos mandataires le titre et le sous-titre donnés à cette conférence ; ils ont bien voulu les accepter et je me suis mis à l'œuvre pour amasser les matériaux que je voulais vous présenter.

C'est alors que j'ai été effrayé et par leur nombre et par leur valeur, c'est alors que j'ai dû, parmi eux, tenter un choix à la fois judicieux et impartial.

Ce travail préparatoire a été la partie la plus ingrate de ma tâche ; c'est lui, je vous le demande instamment, qui plaidera auprès de vous, pour moi, les circonstances atténuantes, et si je reste au-dessous de l'œuvre entreprise, dites vous que l'œuvre était aussi trop lourde.

Ce sera mon excuse !

I

Mesdames, Messieurs, depuis bien longtemps déjà, mais depuis surtout les mémorables travaux du grand naturaliste anglais Darwin, les penseurs et les savants, voire même ceux qui savent tout simplement observer, ont constaté ce fait qui subsiste depuis que notre globe est habité :

la lutte, la lutte contre quelque chose ou contre quelqu'un quand ce n'est pas, ce qui est le plus commun pour l'homme, la lutte contre soi-même.

Lutter pour la vie est, vous le savez, le grand cri de ralliement de cette fin de siècle. Cette formule absolument vraie et, je dirai plus, inéluctable, a été adoptée en quelque sorte comme devise et par cela même exagérée dans sa signification par certaines catégories de gens qui ne voient dans cette bataille acharnée de chaque jour que le moyen de vivre aux dépens des autres tant que la victoire est pour eux, sauf à entraîner dans leur chute maintes dupes lorsque la chance leur devient contraire.

C'est à un point de vue plus élevé et plus digne que nous devons envisager la loi qui est le grand *moteur* de la nature et des sociétés qui en sont les pâles imitatrices. Nous devons rechercher quels sont les moyens de préserver la vie de chacun de nous, l'existence individuelle, et celle des groupes sociaux qui nous sont chers, c'est-à-dire l'existence de la nation même.

Ces deux ordres de préoccupations se lient intimément l'une à l'autre, comme bientôt vous pourrez le constater. Mais *lutter pour la vie* renferme implicitement cette autre formule : *lutter contre la mort* et par conséquent *contre la maladie* qui, le plus ordinairement, constitue le préliminaire presque obligatoire de la mort. Cette dernière ne peut être évitée, cela est vrai, elle est alors, comme l'a si pittoresquement nommée tout dernièrement, dans un de ses articles de vulgarisation scientifique, mon ami le docteur V. Augagneur, *physiologique;* mais elle peut être notablement reculée, et la moyenne de la vie humaine serait singulièrement relevée si nous apportions dans le combat contre la maladie, toute l'énergie, toute l'intelligence et toute l'âpreté que nous mettons à *lutter pour la vie.* C'est un des mille et mille rouages de cette stratégie d'un genre spécial, plus importante cent fois et surtout plus productive que l'autre, que je désire vous faire connaître aujourd'hui.

Et notez-le bien ! Ce n'est pas seulement la défense individuelle que nous devons considérer ici, c'est encore et surtout la défense collective qui, chez un peuple à l'état de société, peut seule efficacement garantir, en même temps que le groupe tout entier, l'individu lui-même.

Tous pour un, un pour tous : telle est la vraie devise de la solidarité nationale et humaine !

On a beaucoup parlé, en ces derniers temps, de dépopulation, et constatons-le avec regret, de la dépopulation de la France. J'ai été stupéfait et effrayé tout à la fois, je dois l'avouer, lorsqu'en faisant des recherches sur ce sujet concernant notre cher village de Lyon, comme l'appelait si tendrement le grand et modeste poète que nous venons de perdre, j'ai lu dans une revue de statistique italienne des chiffres qui vraiment m'ont étonné. A en croire ces documents, Lyon se dépeuplerait ; sa mortalité excèderait et de beaucoup sa natalité. Pour 1,000 de ses habitants, on compterait en effet, en moyenne et par an, 20,1 naissances et *24,4 décès*. Les morts l'emporteraient donc chaque année de 4,3 sur les naissances. Dans mille ans, si ce rapport persistait, et si aucune immigration ne venait combler les vides, la population lyonnaise serait réduite à 0. Dix siècles c'est bien long, me direz-vous! Mais si nous songeons qu'à Berlin les naissances sont supérieures aux décès de 8,9 par 1,000 habitants, nous ne pourrions nous empêcher de pousser un douloureux cri d'alarme si l'écart constaté était réel; il n'en est heureusement rien. Les statisticiens auxquels je fais allusion n'ont pas pris garde que, grâce à la généreuse hospitalité de nos hôpitaux, un grand nombre de malades étrangers à l'agglomération lyonnaise viennent se faire soigner dans notre ville et souvent y meurent.

L'obligeance du chef de bureau du service d'hygiène, M. Bertrand, m'a permis de rectifier cette erreur, en me procurant les chiffres exacts beaucoup plus rassurants. Pour les sept dernières années, le taux moyen de la natalité a été, pour 1,000 habitants de Lyon, 21,2, et celui de la mortalité, 21,012; il y a donc un léger excès des naissances, et le chiffre vrai de la léthalité est plus faible qu'à Paris, où nous avons 25 décès contre 25,5 naissances (1); mais nous n'avons pas à nous occuper ici de la natalité.

(1) M. le docteur Clément, cependant, dans sa très intéressante

La morbidité et la mortalité doivent seules faire l'objet de cette étude.

Pendant des siècles et des siècles, tant qu'ils sont restés à l'état primitif et quasi-sauvage, l'homme et les sociétés n'ont connu que deux manières d'être, deux états : celui de santé et celui de maladie ; ils usaient et abusaient du premier ; ils avaient recours, lorsque survenait le second, au sorcier ou au prêtre. Aussi, ne tarda-t-il pas à apparaître un être spécial, sorcier et prêtre tout à la fois : *le médecin*.

Ce médecin des antiques peuplades, il existe encore avec son même caractère bigarré de mysticisme et d'empirisme chez les sauvages de la plupart des contrées du globe, sans en excepter quelques parties de la France elle-même, ainsi que nous l'ont appris certains procès récents.

Ce que l'individu primitif demande à ce sorcier, c'est la guérison lorsqu'il est malade, la mise à l'abri des maléfices lorsqu'il redoute de le devenir.

Peut-être faudrait-il voir dans cette dernière exigence les rudiments grossiers d'une science essentiellement moderne et civilisatrice : l'Hygiène.

Cette Hygiène au reste, dans les temps anciens, a eu ses codificateurs, et certaines des règles imposées par Moïse à son peuple doivent

---

étude sur Lyon (ethnographie, demographie, etc.) lue en 1889 à la Société de médecine, a déduit de calculs aussi rigoureux que possible que la natalité légitime à Lyon est beaucoup plus faible qu'ailleurs.

encore être considérées comme ayant force de loi.

C'est un des meilleurs signes des progrès d'une nation que le soin qu'elle apporte à se préserver de tous les accidents qui peuvent l'affaiblir.

Tout peuple ou tout individu qui ne se contente plus de réparer le mal qui est fait, mais qui cherche encore à le prévenir est, *ipso facto*, déjà supérieur ; dans les vicissitudes de la concurrence vitale il l'emportera assurément sur celui qui reste imprévoyant.

Prévenir vaut mieux que guérir ; en cela comme en bien d'autres circonstances, le proverbe a raison ; il a raison non seulement parce qu'il évite au patient les affres de la maladie et les mauvaises chances qu'elle lui fait courir, mais encore parce que, au point de vue purement économique, il constitue un avantage appréciable. Nous pouvons en effet traduire en chiffres, et en chiffres représentant de l'argent, l'application de ce vieil et très sensé adage.

La valeur moyenne de la vie humaine est estimée de façon assez inégale suivant les auteurs et suivant les pays. C'est ainsi qu'en Angleterre, le Dr W. Farr l'estime à 3,975 fr., en France, le Dr Rochart à 1,097 fr. ; tout récemment M. Monod, l'éminent directeur de l'Assistance publique à Paris, la fixait à 275 fr. de revenu.

Naturellement cette vie humaine n'a pas la même valeur aux différents âges et suivant l'état de santé bon ou mauvais de l'individu. Le Dr Farr a dressé à ce propos une table des plus instructives qui est citée par M. H. de Montricher, dans sa communication au Congrès international d'hygiène et de démographie de Paris, en 1889 (page 1060).

Le Dr Rochart, en ce qui concerne la France, évalue à 6,000 fr., chiffre moyen, la valeur d'un homme de 20 ans, sain et robuste, bon pour le service militaire. Les Américains ont une plus haute idée du prix de l'être humain vivant dans des conditions identiques, car ils l'estiment aux Etats-Unis à 17,500 fr.

M. Monod a tout dernièrement démontré, en se basant sur le chiffre adopté par lui (275 fr. par an) que l'Angleterre par ses travaux d'assainissement avait pu, de 1880 à 1889, économiser ainsi les vies humaines pour une somme de 858,571 francs, qui représente un capital social de plus de deux milliards. (1)

M. H. de Montricher, au Congrès d'hygiène de 1889, affirme que les travaux d'assainissement de Marseille, exécutés avec intelligence, éviteraient à cette grande ville 4,500 décès annuels et lui constitueraient de ce chef chaque année une économie d'environ 9 millions.

Or, comme les dépenses nécessitées par ces travaux de défense sanitaire sont estimés 15 à 20 millions de francs, on voit qu'en deux ans elles

(1) Monod. Les travaux d'assainissement en Angleterre, depuis 1876 et leurs résultats. Soc. méd. publique, décembre 1890.

se trouveraient couvertes par la plus-value des existences préservées. Mieux encore, la caisse municipale aurait chaque année, du fait de ces bouches nouvelles, un excédent de 275,000 fr. environ, lesquels iraient en s'accumulant.

Le docteur Livon a, lui aussi, montré pour Marseille, quelle relation étroite existait entre le taux de la mortalité d'une part et l'importance des travaux d'assainissement de l'autre.

Le rapport est inverse, c'est-à-dire que plus les dépenses occasionnées par les améliorations hygiéniques sont fortes, et plus est faible le chiffre des décès, et notre confrère cite à l'appui de son dire les constatations suivantes :

« Dans le quartier de la Préfecture (à Marseille), où de nombreux et importants travaux d'assainissement ont été exécutés, le taux de la mortalité est de 19 °/₀ ; il est de 47 °/₀ dans le quartier de l'Hôtel de Ville, qui se trouve quelque peu déshérité au point de vue hygiénique.

Au reste, M. de Montricher a complété pour la même ville la démonstration en rappelant que de 1867 à 1887 la mortalité moyenne était de 34°/₀ et que brusquement elle tomba en 1887 à 29,85 °/₀ par suite de la mise en vigueur des mesures ayant pour objet d'empêcher la projection dans les égouts ou à la mer des matières nuisibles ; cette proportion se maintint largement, puisqu'en 1888 nous la trouvons plus faible encore : 28,80.

A Lyon, depuis que l'attention des pouvoirs publics a été attirée sur ces questions de prophylaxie générale et que grâce à leur sollicitude des mesures d'ordre variées ont été prises, nous voyons décroître dans d'aussi grandes proportions : la fièvre typhoïde, la scarlatine, la variole, les infections puerpérales, et nous avons tout lieu d'espérer que cette décroissance ne fera qu'aller en s'accentuant davantage d'année en année.

La municipalité lyonnaise et l'homme éminent qui est à sa tête, M. le docteur Gailleton, sont disposés à tous les sacrifices pour vous protéger, c'est à vous, Messieurs, à aider de toute votre bonne volonté vos édiles dans la généreuse mais lourde tâche qu'ils se sont imposée.

Il est donc possible, ainsi que nous venons de le constater, de réaliser des économies d'argent et qui plus est, de conserver les existences que représentent celles-ci, lesquelles sont infiniment plus précieuses ?

Oui, cela est possible, car, le peu que je vous en ai dit vous l'a déjà fait prévoir, il est des *maladies évitables*, des maladies que l'on peut prévenir et empêcher, des maladies même que l'on peut faire disparaître à jamais, témoin la variole dans les états scandinaves.

Eh bien ! Messieurs, c'est surtout la lutte contre ces maladies évitables que je désire vous faire connaître ici dans ses principales lignes, car à mon grand regret je ne pourrais entrer dans tous les détails, tous intéressants cependant, et tous utiles.

Ils sont encore bien peu nombreux, ces maux que nous pouvons étouffer *ab ovo* ; mais, tels quels, ils sont assez désastreux pour que l'heureuse influence de la lutte se fasse déjà sentir, et j'ai l'intime conviction que leur nombre s'accroîtra au fur et à mesure que nos connaissances, celles surtout qui sont du ressort de la Microbie, deviendront plus étendues et plus parfaites.

Tout récemment (11 novembre 1890) M. le professeur Brouardel, doyen de la Faculté de médede Paris, a démontré, dans une séance de l'Académie de médecine, que deux de ces maladies, et les deux, certes, les plus évitables, la *variole* et la *fièvre typhoïde* faisaient à elles seules chaque année, en France, périr plus de 30,000 habitants, la plupart (les 4/5) jeunes ou dans la force de l'âge, la grande majorité ayant moins de 30 ans.

La variole dans notre pays fait encore 12,000 victimes annuelles, tandis qu'en Allemagne elle cause la mort de 110 personnes seulement !

A quoi tient cette différence aussi douloureuse qu'éloquente ?

Tout simplement à ceci : qu'en Allemagne une loi a, depuis 1874, rendu les vaccinations et les revaccinations obligatoires.

Les résultats ont été immédiats comme vous l'allez voir.

En 1835, on comptait dans le royaume de Prusse, 27 décès dus à la variole pour 100,000 habitants, en 1872 (année d'épidémie) il y en a eu 212 ; puis, brusquement, l'obligation ayant été décrétée en 1874, on voit cette même année, le taux de la mortalité s'abaisser à 3,60 pour s'abaisser encore en 1886 à 0,39, toujours pour 100,000 habitants.

A Lyon, en 1881, nous comptons 299 décès par variole ; en 1883 l'Institut vaccinal est fondé, les vaccinations et les revaccinations gratuites sont opérées chaque jour et, grâce au zèle et au dévoûment de ceux qui inaugurèrent cet important service : MM. les docteurs Chambard et Jean Boyer et M. Leclerc, inspecteur principal de la boucherie, nous voyons le chiffre des morts tomber à 6 en 1885, à 9 en 1886 et 1887. Quelques oscillations plus ou moins fortes provoquées par de petites épidémies existent encore, mais l'année qui vient de s'écouler n'a compté que 15 décès par variole, 5 à peine pour 100,000 habitants.

A quels heureux résultats n'est-on pas en droit de prétendre lorsque nos représentants, qui s'en occupent actuellement, auront consacré par une loi, en France comme en Allemagne et en bien d'autres pays, le principe de la vaccination et de la revaccination obligatoires!

Une autre maladie presque aussi sûrement évitable que la variole à l'heure actuelle : la fièvre typhoïde, fait, elle aussi, d'immenses ravages dans notre pays.

23,000 Français, sains et vigoureux pour la plupart, sont chaque année emportés par elle, et si nous ne possedons pas encore un vaccin qui puisse lui être opposé, nous connaissons suffisamment aujourd'hui ses modes de propagation pour pouvoir entamer une lutte dans laquelle, si nous le voulons, nous serons les vainqueurs.

90 fois pour cent, a dit depuis assez longtemps déjà M. le professeur Brouardel, la fièvre typhoïde est apportée par l'eau potable.

Qu'on substitue donc à des eaux mauvaises, infectées ou tout simplement suspectes une boisson parfaitement sûre et indemne de tout germe morbigène et la fièvre typhoïde disparaîtra ou s'atténuera dans des proportions tout à fait inespérées !

Voyez ce qui s'est passé à Vienne en Autriche et ce que nous a appris l'enquête si bien conduite par un élève du professeur Brouardel, le docteur Mosny.

A une certaine époque, Vienne n'avait que 7 0/0 de ses maisons alimentées en eau de source, la mortalité annuelle par fièvre typhoïde était alors de 200. Quinze ans plus tard, à la suite de gigantesques travaux, 90 % des mêmes maisons reçoivent l'eau de source et la mortalité annuelle tombe à 10 !

Les cas de fièvre typhoïde sont au reste devenus si rares dans la capitale de l'Autriche que lors du congrès d'hygiène qui y tint sa session en 1886 le professeur Nothnagel montrait dans ses salles d'hôpital un typhique comme une véritable curiosité, autour de laquelle on assemblait les élèves de peur que l'occasion ne se représentât de sitôt!

de leur faire observer les symptômes de la maladie.

Que ne puissions-nous bientôt agir de la sorte en France et à Lyon !

Nous constatons un fait analogue à Angoulême.

De 1880 à 1889 l'eau d'alimentation est susceptible d'être souillée et dans de mauvaises conditions hygiéniques ; la moyenne mensuelle de la morbidité par fièvre typhoïde est, dans les hôpitaux militaires, de 18,2 par 10,000 hommes de troupe ; elle tombe à 0,88 en 1889 et 1890 lorsqu'une nouvelle eau réalisant tous les *desiderata* de la science moderne a été substituée à l'ancienne.

Et c'est à l'infini que je pourrais multiplier ces exemples ; je pourrais avec Chantemesse, Schneider, etc., vous montrer comment toutes les fois qu'à Paris, pour une raison ou pour une autre, on remplace l'eau relativement pure de la Vanne, de la Dhuis, etc., par l'eau de Seine, on crée immédiatement dans le quartier ou dans la caserne ainsi alimentés un nouveau foyer épidémique.

On peut, en quelque sorte, comme dans une expérience de laboratoire, provoquer à volonté l'apparition ou la disparition de la maladie.

Si donc nous avons entre les mains le redoutable pouvoir de laisser vivre ou de livrer à la mort plus de 30,000 de nos concitoyens, et cela chaque année, nous serions vraiment bien coupables de rester indifférents et de ne pas provoquer par tous les moyens possibles les mesures qui doivent être efficaces. Aussi j'estime qu'on ne peut moins faire, une fois éclairé, que l'on soit ou que l'on ne soit pas médecin, que de se rallier aux conclusions suivantes, proposées à l'Académie de médecine, par M. le professeur Brouardel, et acceptées par elle :

« La loi sanitaire en préparation doit rendre la vaccination et la revaccination obligatoires; elle doit armer l'autorité de pouvoirs suffisants pour que les municipalités, et à leur défaut, le préfet ou le gouvernement puissent assurer la salubrité publique des agglomérations contre les dangers qui résultent de l'usage d'une eau polluée. »

J'ai donné comme exemples des maladies dont on peut sciemment se préserver : la variole et la fièvre typhoïde, parce que ce sont les deux principales; mais il y en a d'autres : tuberculose, dysenterie, choléra, rage, scarlatine, etc., etc., que le peu de temps dont je dispose, m'empêche de passer en revue, et dont les causes réelles sont au reste bien moins connues.

La constatation de ce fait important qu'il existe des maladies évitables, implique en effet que nous connaissons *la cause* de ces maladies, car il n'est guère possible de se prémunir contre un danger que l'on ignore ou dont on ne connaît pas la nature.

Mesdames, Messieurs, des nombreuses maladies qui peuvent nous atteindre, les unes nous sont en quelque sorte personnelles, elles se créent de toutes pièces dans notre organisme; les autres, les plus nombreuses peut-être et en tous cas les plus meurtrières, existent en dehors de nous, tout au moins à l'état de germes, et constituent cette phalange invisible contre laquelle nous devons chercher à nous défendre.

La plupart des maladies évitables appartient à cette dernière catégorie et leur cause déterminante a été, suivant les temps, différemment comprise ou interprétée.

Les plus anciens médecins avaient déjà observé que certaines maladies étaient plus particulièrement généralisables, qu'elles s'abattaient en quelque sorte comme un essaim sur un grand nombre d'individus à la fois comme si la cause qui les produisait, obscure et mystérieuse, consistait en une perturbation astronomique ou cosmique à laquelle il était presque impossible d'échapper; l'astrologie, vous le savez, a joué un grand rôle dans l'ancienne médecine. D'autres affections, au contraire, se transmettaient manifestement d'homme à homme et étaient plus nettement contagieuses.

Aux causes mystérieuses des premières on a depuis longtemps déjà donné le nom de *miasmes;* on a englobé sous le nom de *contages* celles des secondes.

Le *miasme,* d'après Bernheim (*Dictionnaire encyclopédique des Sciences médicales* de Dechambre, 1re série, t. XX, 1re partie), est *un poison contenu dans le milieu extérieur, sol, air ou eau susceptible de se multiplier et de se reproduire indéfiniment.*

Toujours d'après le même auteur, il y a entre le miasme et le contage une différence qui nous paraît quelque peu spécieuse aujourd'hui.

Le *miasme*, dit-il, né en dehors de l'organisme, répand la maladie par le sol, l'air ou l'eau; il peut achever son évolution sur l'organisme qu'il affecte, mais il n'est pas susceptible de s'y reproduire et de s'y multiplier de manière à être transmissible à un nouvel organisme. Et il donne comme exemple le miasme paludéen qui donne la fièvre intermittente aux sujets qu'il atteint, alors que ceux-ci ne communiquent pas la maladie autour d'eux; la maladie est infectieuse, miasmatique, mais non contagieuse.

Le *contage*, au contraire, quelle que soit son origine première, se reproduit et se multiplie dans l'organisme, de manière que d'un premier sujet affecté peut émaner le même principe qui envahira un second sujet; c'est un principe transmissible par voie médiate ou immédiate d'un individu à un autre.

Exemple : Variole.

Le miasme, au reste, peut devenir contage. Exemple : fièvre typhoïde, choléra, fièvre jaune, et le contage se transformer en miasme. Exemple : septicémie.

Nous n'admettons plus aujourd'hui des différences aussi tranchées, et nous savons que dans bien des cas, tout dépend du mode d'introduction.

C'est ainsi que certains auteurs italiens (1) ont pu transmettre l'impaludisme d'homme à homme en inoculant à un sujet sain le sang infectieux d'un malarique.

Les idées les plus bizarres ont été émises au sujet de la nature des miasmes et des contages, mais déjà les anciens avaient pensé à l'action d'êtres animés, d'organismes inférieurs (Varro et Columelle, de *Re rustica*).

Ce fut surtout à la suite de la mémorable découverte des Infusoires, par Leuwenhoek en 1677, que ces opinions revinrent en honneur. On voit un auteur du XVIIe siècle proposer très sérieusement de chasser en temps d'épidémie, en les effrayant par la trompette et le canon, les animaux qui les produisaient et qui étaient censés voltiger dans l'air à la façon des sauterelles. Certains savants enthousiastes et doués d'une imagination par trop vive ont même décrit ces animalcules et en ont donné des figures qui les représentent avec des becs crochus et des griffes pointues.

Nous devons à l'un des plus érudits médecins de l'Hôtel-Dieu de Lyon, M. le Dr Humbert Mollière (2) d'avoir sauvé de l'oubli le nom d'un de nos compatriotes, *J. B. Goiffon*, agrégé au collège des médecins de Lyon en 1693, qui peut être considéré comme un précurseur des théories modernes.

(1) Gualdi et Antolini (*Riforma medica*, 13-25 novembre 1889).
(2) Dr H. Mollière. — *Un précurseur lyonnais des théories microbiennes. : J.-B. Goiffon*. Lyon, librairie H. Georg, 1886.

J'emprunte à l'intéressante monographie de M. Mollière quelques citations qui vous montreront quel était, en 1721, l'état des esprits les plus sérieux et les plus avancés en ce qui concerne l'étiologie générale des maladies pestilentielles.

Il s'agissait de la grande peste qui désola Marseille et la Provence en 1720.

Voici quelques-unes des observations que suscitèrent à notre auteur ses méditations sur le fléau :

Des *insectes* venimeux, *apportés de quelque contrée étrangère*, avec des marchandises, d'où ils se répandront dans les airs d'une ville, produiront tous les funestes effets qu'on remarque dans la peste.

Quoiqu'il y ait de grandes différences entre les rapports de grandeur du corps d'un éléphant à celui d'une mite, il se peut néanmoins, et la raison ne s'y oppose pas, *qu'il y ait des insectes qui, par rapport à la mite, sont ce que la mite est à l'égard de l'éléphant.*

. . . .

La petite vérole et la rougeole. qui sont reconnues pour maladies contagieuses, ont peut-être leur cause aussi bien que plusieurs maladies épidémiques dans quelque espèce particulière de *petits vers* ou *insectes imperceptibles*, qui s'insinuent dans le corps de ceux qui deviennent malades et *s'attachent aux habits de ceux qui les transfèrent.*

Il en est de même de la peste des bestiaux, qui procède évidemment de petits vers déposés sur le foin et les herbes dont ils se nourrissent, et les ulcérations que la plupart des animaux malades portent à la bouche, confirment cette opinion.

Et plus loin :

En supposant des vermisseaux, des petits vers, des insectes, des *petits corps animés*, l'on comprend sans tant de peine et de difficulté la *multiplication de la cause de la peste et de plus sa résurrection* et son renouvellement après plusieurs années d'extinction et de cessation.

. . . .

On comprend comment un peu de ce venin, caché dans un peu de laine, de linge et autre chose, se manifeste après plusieurs années et porte la mortalité à des villes et des provinces entières.

Remplacez dans ces divers passages *vers* ou *insectes* par *microbes* et vous pourrez les considérer comme écrits de nos jours.

C'est qu'en effet ces agents de l'infection ou de la contagion, ces insectes ou vermisseaux de Goiffon, ces miasmes et ces contages, ces levains et ces virus, les voici qui défilent devant vous, projetés sur cette toile avec leur forme même, saisie par la photographie. Ce sont ces microbes, ces bactéries, que l'année dernière je vous ai appris à connaître et qui, suivant le cas et les maladies ont noms : bacille de la fièvre typhoïde, bacille du choléra, staphylocoque du furoncle, streptocoque de l'érysipèle, bactéridie charbonneuse, etc., etc

Voilà les artisans de l'infection et de la contagion, voilà les ennemis qu'il nous faut combattre, ennemis invisibles pour l'œil seul, mais facilement constatables au microscope et en tous cas connus dans leur essence, leur origine et leur fonctionnement.

Un premier pas, immense, est fait ; grâce aux découvertes des Pasteur, des Chauveau, des Arloing, Toussaint, Koch, etc., nous connaissons désormais les causes des maladies évitables, nous pourrons donc nous y soustraire.

Et c'est en effet, Messieurs, un des côtés les plus importants et les plus utiles de la tâche du médecin moderne que d'empêcher d'éclore la maladie, lorsqu'il le peut, de tenter toujours d'enrayer son extension et sa propagation.

Autrefois, le médecin était le *médicus*, au sens strictement étymologique du mot, celui qui diagnostiquait la maladie (?) et cherchait à la guérir ; il était, à part quelques rares et illustres exceptions, surtout et avant tout, un empirique érudit qui puisait plus dans les bouquins poudreux et la tradition que dans son propre esprit d'initiative ; il ne pouvait ou bien n'osait être original, et il avait pour cela d'excellentes raisons, l'emprisonnement et parfois la gehenne et le bûcher étant hélas ! comme la Roche-Tarpéienne l'était du Capitole, trop rapprochés du laboratoire de recherches. Il n'était guère prudent, à certaines époques, de posséder et de montrer un esprit de libre examen ; les savants, comme les sorciers, sentaient trop souvent le fagot. Ce médecin des temps passés rendait à coup sûr des services, mais des services en quelque sorte individuels ; son rôle était de soigner les malades plutôt que de les éclairer, et l'hygiène n'entrait que pour une bien faible part dans ses préoccupations habituelles. Je parle, bien entendu, de façon générale et des praticiens ordinaires ; certains, en effet, ont devancé leur époque, et nous leur devons la plus grande vénération.

Nos prédécesseurs, pas plus que nous, n'hésitaient à soigner les pestiférés et autres malades que la contagiosité de leur affection rendait dangereux, mais ils le faisaient en prenant pour eux-mêmes des précautions trop souvent ridicules, comme en témoignent les deux figures suivantes que je fais passer sous vos yeux et qui représentent le costume des médecins appelés, aux XVIe et XVIIe siècles, à donner leurs soins aux gens atteints de la peste. Ce déguisement, paraît-il, nous venait des médecins italiens plus prudents ou moins... braves.

Ne croyez cependant pas, Messieurs, en voyant cette grotesque et puérile mascarade, que nos confrères des siècles derniers ne savaient pas mourir au champ d'honneur; des chiffres sont là pour nous répondre. Lors de la grande peste qui éclata à Lyon en 1628, 8 médecins et 70 chirurgiens furent victimes de leur dévouement et succombèrent.

Leurs humbles et dévoués collaborateurs, les sœurs et les frères des hôpitaux payèrent aussi un large tribut à l'épidémie : 60 hospitalières sur 80 et 30 frères sur 40 restèrent sur le champ de bataille.

Aujourd'hui, Messieurs, le médecin, en outre de son instruction professionnelle, possède, parce qu'il est libre, un esprit plus large, plus ouvert à toutes les sciences autres que la médecine proprement dite ; il tend de plus en plus à devenir hygiéniste, c'est-à-dire *préservateur de la santé publique ;* et s'il prend encore parfois de minutieuses précautions, ce n'est plus pour lui, mais pour ses malades. Il ne se préoccupe que du rôle qu'il a à remplir et non de sa propre conservation, et lorsqu'il succombe, il le fait simplement, avec la conscience du devoir accompli.

II

Mesdames, Messieurs, depuis quelques années déjà s'accumulent, dans tous les pays civilisés, les matériaux d'un édifice dont les fondations sont en partie jetées et qui, dans un avenir qu'il faut souhaiter prochain, est destiné à devenir l'un des plus beaux qu'aura élevé la science de l'homme.

Cet édifice ou plutôt, pour laisser maintenant toute allégorie de côté, cette branche importante de la science médicale, c'est ce qu'on pourrait appeler à juste titre : la *stratégie sanitaire.*

De toutes parts les études spéculatives de la médecine, de l'hygiène, de la chimie, de la microbiologie convergent vers un but éminemment utilitaire et social : la défense de la santé publique.

A une époque où les naissances étaient surabondantes, où les nations étaient à l'étroit dans leurs frontières, il y avait à peine lieu de se préoccuper de sauvegarder la vie humaine.

Les épidémies et les guerres ont parfois été considérées comme d'immenses saignées sociales, salutaires et indispensables.

L'existence individuelle pendant longtemps n'a eu de valeur que pour celui qui en était détenteur ou lorsqu'elle était celle d'un grand seigneur.

Nous avons peine à croire à l'heure actuelle que de semblables opinions aient pu exister, et nous savons bien de quel prix est pour l'individu comme pour la nation la vie humaine, quelle qu'elle soit, qu'elle appartienne au riche comme au pauvre, à l'ignorant comme au savant.

Tous, suivant nos forces, nos aptitudes et nos moyens, nous avons un rôle utile à jouer dans la société quand ce ne serait que celui, noble entre tous et commun à tous aujourd'hui, de défendre la patrie menacée.

La vie humaine a donc une double valeur, valeur morale et valeur matérielle ou vénale; à ce double titre, elle mérite d'être protégée par tous les moyens en notre pouvoir et la stratégie sanitaire est précisément destinée à nous fixer les lois qui président à cette défense.

De même que les règlements et les exercices militaires sont quelque peu différents suivant que la nation se trouve en état de paix ou sur le pied de guerre, de même les mesures sanitaires varieront suivant qu'il s'agira de lutter contre les maladies ordinaires, normales pour ainsi dire, ou qu'il faudra empêcher l'invasion de ces épidémies exotiques qui, comme le choléra, font d'intermittentes et meurtrières invasions dans notre pays.

Dans l'un et l'autre cas c'est toujours la lutte, mais à des degrés divers.

Il peut sembler au premier abord paradoxal d'affirmer que la guerre contre les petites épidémies, celles qui règnent en permanence dans presque toutes les grande villes, est plus utile et aussi plus difficile que la guerre contre les grandes épidémies qui s'abattent de temps à autre sur un pays tout entier. Telle est cependant la vérité.

L'état de paix est pour nous le plus pénible et le plus périlleux parce que, somme toute, il n'est que relatif et que l'ennemi que nous avons à combattre est embusqué en permanence dans les mille détours d'une grande cité, d'où il est bien difficile de le déloger.

De la lutte contre les grandes épidémies, je ne veux rien vous dire aujourd'hui, car l'étude, même sommaire, de cette question nous entraînerait trop loin.

Je désire seulement vous rappeler comment il a été possible, grâce à des mesures très simples mais énergiques et prises à temps, d'empêcher, l'année dernière, le choléra de passer les Pyrénées et de renouveler les ravages de 1884.

Laissons donc de côté les grandes épidémies et bornons-nous à suivre avec quelques détails les procédés grâce auxquels nous nous défendrons contre les petites, contre celles qui finissent, si on ne les attaque vigoureusement dès le principe, par devenir nos hôtes habituels.

Aux premières s'appliquent les mesures de défense générale, les quarantaines, les cordons sanitaires, les prescriptions de défense internationales, etc; les secondes appartiennent en quelque sorte aux pouvoirs locaux. C'est aux municipalités surtout qu'incombe le devoir de les pourchasser et de les vaincre.

Mais pour cela faire, les représentants de la commune doivent réclamer le concours de techniciens d'un ordre particulier, des médecins et des hygiénistes. L'hygiène publique et sociale a précisément pour rôle de nous éclairer sur les meilleures conditions de la vie des groupes et des individus; à elle la tâche, non seulement de rendre facile et aussi douce que possible notre existence, mais encore de la défendre lorsqu'elle se trouve menacée!

Nos édiles ne doivent pas seulement présider au bon ordre, à l'embellissement et à la bonne administration financière de nos cités, ils doivent encore veiller sur nos santés, et faire en sorte que rien ne vienne la compromettre. Ils ont le devoir non pas de guérir la maladie, c'est affaire aux médecins, mais de la prévenir lorsqu'elle peut l'être.

Les municipalités en un mot ne peuvent ni ne doivent se désintéresser de l'observation des règles fondamentales de l'hygiène publique.

Ce n'est pas d'aujourd'hui que datent, Messieurs, ces préoccupations; mais, nous pouvons le dire hardiment, les dernières années du XIXe siècle verront, remises en honneur et appliquées scientifiquement, les règles préservatrices qui ont, comme vous l'allez voir, guidé nos aïeux.

Déjà au XVIe siècle l'État se préoccupait vivement de la santé publique ainsi qu'en font foi certaines ordonnances qui, de nos jours, pourraient avec quelques modifications de détail servir de modèle.

Je vais pouvoir, grâce à l'extrême obligeance de M. le professeur Gailleton, maire de Lyon et de M. H. Sabran (1), président du conseil d'administration des hôpitaux de notre ville, vous fournir quelques renseignements curieux sur l'organisation de la défense sanitaire à Lyon aux XVIe et XVIIe siècles.

Déjà peut-être sous Charles IX, mais assurément sous Henri III, existait à Lyon un *Bureau de santé* lequel, aux termes des lettres patentes du roi Henri III en date du 3 septembre 1581, était composé d'un certain nombre de membres, appelés commissaires de la santé, qui étaient nommés par le Prévot des marchands et les Echevins.

Ces commissaires, au nombre de 10 en temps ordinaire et de 14 en cas de contagion, étaient,

---

(1) J'adresse ici mes plus vifs remerciements à M. H. Sabran qui, avec la bonne grâce que chacun lui connaît, a bien voulu m'autoriser à utiliser les documents qu'il avait réunis pour un discours dont la plus intéressante partie est encore inédite.

chose assez curieuse, choisis parmi les magistrats, les anciens consuls, les bourgeois et les marchands et ne comptaient qu'un seul médecin parmi eux.

Cette composition extra-médicale d'une commission exclusivement chargée de la sauvegarde de la santé publique nous étonne quelque peu aujourd'hui ; elle trouve son explication dans ce fait que le Bureau de santé était avant tout un pouvoir exécutif qui devait veiller à l'observance des prescriptions hygiéniques et punir, de peines qui pouvaient en temps d'épidémies aller jusqu'à la torture et jusqu'à la mort, ceux qui n'obéissaient pas à ses prescriptions. Et ces prescriptions, Messieurs, étaient, somme toutes, si on fait abstraction des considérations d'ordre religieux et de quelques enfantillages de siècles ignorants, celles adoptées encore à l'heure actuelle par les comités d'hygiène et les Académies.

Nous voyons expressément notés et ordonnés en effet, l'isolement des malades, la déclaration obligatoire des cas d'affections contagieuses, la désinfection des habitations, du linge et des hardes.

Ainsi cette déclaration obligatoire des maladies susceptibles d'être communiquées d'homme à homme que les hygiénistes et les médecins du XIXe siècle ont eu tant de peine à obtenir de nos législateurs, qui vient à peine d'être votée par la Chambre des députés et qui ne l'est pas encore par le Sénat, était déjà en 1582 formellement prescrite aux médecins, chirurgiens, apothicaires, dans une ordonnance dont j'ai pu, il y a quelques jours, voir le texte même dans le cabinet de M. le maire!

Et une telle importance était attachée à cette déclaration, que certains parmi les commissaires de la santé avaient pour attributions spéciales de recevoir les *dénonces* et de prendre d'urgence telles mesures qu'ils jugeaient utiles, comme celles d'ordonner l'isolement des malades et de leurs familles, leur transport à l'hôpital, de proscrire la vente des vieux habits, etc., etc.

Le service de la désinfection était lui aussi parfaitement organisé sous le nom de *parfumage* et le grand nombre de formules affectées aux parfums témoigne de la très grande estime en laquelle on les tenait.

Il est très curieux de voir que la base de ces parfums était constituée par les meilleurs des antiseptiques modernes : en outre d'essences variées, le soufre, en effet, le sublimé, l'arsenic, l'antimoine, le camphre, la poudre à canon même entraient dans la composition de ces mixtures d'une étrange complexité.

Une semblable organisation n'est-elle pas admirable si nous songeons surtout qu'elle appartient au XVIe siècle ! et ne devons-nous pas considérer les *Bureaux de santé* comme les prédécesseurs immédiats des *Bureaux d'hygiène?*

Mais, Messieurs, ces bureaux du moyen âge avaient sur ceux d'aujourd'hui une indéniable supériorité, ils étaient détenteurs d'une parcelle de l'autorité royale, ils pouvaient mettre une sanction à leurs ordonnances, et lorsqu'une maladie contagieuse était en règne, ils possédaient le droit, nous dit le Jésuite Grillot, en 1629 (Lyon affligé de contagion, etc.) d'établir des estrapades, des piloris, des carcans et d'exécuter tels qui ne se conformaient pas à leurs prescriptions.

Il n'est certes pas dans mon esprit que l'on puisse jamais revenir à de semblables mœurs et que les hygiénistes dussent jamais se transformer en bourreaux, voire même en juges, mais il est profondément regrettable que toutes les bonnes volontés soient aujourd'hui absolument paralysées, en ce qui concerne l'hygiène publique, par le manque de sanction.

Il est excellent en soi de respecter la liberté individuelle, mais il ne faut le faire que si l'intérêt public ne se trouve pas menacé par elle; lorsqu'il s'agit de protéger la santé de toute une agglomération d'habitants il devrait être permis, il devrait même être exigé que les intérêts privés fussent lésés, si cela était nécessaire.

Ce n'est que par une *loi sanitaire* sagement élaborée que nous arriverons à obtenir semblable garantie.

Certaines nations en Europe la possèdent cette loi sanitaire générale et en ont obtenu de merveilleux résultats, témoin l'Angleterre dont le *Public Health Act* voté en 1848, refondu et adapté aux besoins nouveaux par le Parlement en 1875, constitue à l'heure actuelle un véritable code d'hygiène publique qu'appliquent avec intelligence et fermeté le conseil supérieur d'hygiène *(The local Government Board)* et les conseils d'hygiène locaux *(The local Board of Health)* L'Autriche possède aussi une loi sanitaire, mais quelque peu restreinte, qui date du 30 avril 1870, et la Suède a, en 1874, édifié un code de l'Hygiène, grâce auquel les états scandinaves présentent la mortalité générale la plus faible parmi les pays de l'Europe (17,2 °/₀).

Mais ni l'Allemagne, ni la Belgique, ni la France n'ont pu encore codifier et unifier les mille et mille règlements, décrets ministériels, ordonnances et arrêtés qui, en compliquant sans bénéfice aucun les rouages administratifs, constituent par leur nombre même et leur obscurité une cause d'affaiblissement pour le régime de l'hygiène publique.

Je ne veux pas entrer dans le détail de l'organisation de la défense sanitaire dans ces divers pays, mais je ne peux m'empêcher de montrer les différences profondes qui, à ce point de vue, séparent deux nations voisines, presque sœurs et soumises toutes deux aux mêmes lois générales : la Belgique et la France.

Les Belges comme nous sont encore régis par les lois des 14 novembre 1789, 16 et 24 août 1790 et 28 septembre 1791, lesquelles étant centenaires sont forcément insuffisantes aujourd'hui et comme frappées de caducité ; mais tandis qu'en France nous éprouvons à chaque instant l'imperfection de ces lois et avons de la peine à nous défendre avec et trop souvent, hélas! contre elles, en Belgique et particulièrement à Bruxelles, grâce à un courant d'opinions qui a pénétré les masses et a une saine intelligence du véritable intérêt individuel, il est possible, avec des règlements surannés, de lutter efficacement contre les maladies évitables et de défendre à la fois la santé de chacun et celle de tous. Vous allez bientôt, Messieurs, avoir sous les yeux la preuve palpable de ce que j'avance.

Un pareil résultat est dû à l'action combinée de la sollicitude éclairée de la municipalité bruxelloise et de l'intelligente énergie d'un homme dont je vais bientôt vous raconter l'œuvre et dont le nom doit être placé à côté de celui des meilleurs philanthropes : le docteur Janssens.

Grâce à ce concours de bonnes volontés vous voyez, sur le diagramme projeté sur ce tableau, que pendant la période de 1875-1888, sur 16 capitales de l'Europe, c'est à Bruxelles que la mortalité par *maladies infectieuses* a été la plus faible (17,5), Saint-Pétersbourg ayant le triste privilège de tenir la tête avec 67,5 et Paris venant au dixième rang seulement avec 25,1, bien supérieur, constatons-le avec plaisir, à Berlin, qui occupe le cinquième rang avec 31 décès.

Quelle est donc, Messieurs, cette merveilleuse institution qui a ainsi placé comme en vedette, au point de vue sanitaire, parmi les capitales de l'Europe, la ville de Bruxelles ?

Par quelle bienfaisante organisation devons-nous expliquer cet autre fait, que met bien en lumière le schéma suivant, que la mortalité générale dans cette même ville de Bruxelles, s'est abaissée annuellement de 31,3 en 1864-68 à 22,9 en 1888, tandis que sa mortalité spéciale par maladies infectieuses allait pour les périodes de 1868-73 à 1888, de 4,60 à 1,3?

L'histoire sommaire des véritables successeurs des bureaux de santé des XVIe et XVIIe siècles dont je viens de vous esquisser le tableau, l'histoire des *bureaux d'hygiène* et de celui surtout qui peut leur servir de modèle va me permettre de répondre à cette double question et d'y répondre, je pense, de façon satisfaisante.

Messieurs, les institutions spécialement chargées, en France par exemple, de la défense de la santé publique ont été réformées lors de notre grande révolution, et, dans le but d'assurer l'observation des lois fondamentales que je vous ai citées, nous voyons se constituer successivement les conseils d'Hygiène publique (Paris, 1802; Lyon, 1822) puis le comité consultatif d'Hygiène publique de France (10 août 1848).

L'Etat et le département acquièrent ainsi leurs organes de défense, mais la ville, la commune ne les possèdent pas encore tels qu'ils existaient autrefois avec les *bureaux de santé.*

Et cependant le plus utile de tous ces rouages est à coup sûr celui qui est le plus étroitement limité, le moins impersonnel si l'on peut dire.

Les conseils d'Hygiène départementaux, outre qu'ils s'adressent au département tout entier, ont surtout à remplir une mission consultative; ils ne peuvent efficacement surveiller les mesures qu'ils ont prescrites et qui trop souvent, si excellentes soient-elles, demeurent platoniques faute d'une main qui les impose et les exécute au besoin.

Les *bureaux d'Hygiène* comblent cette lacune, ils sont et doivent être, par l'intermédiaire du pouvoir municipal, surtout exécutifs et ils font œuvre sanitaire comme les bureaux d'architecture ou de voirie font œuvre d'architecte ou d'ingénieur.

Dans une grande cité des travaux sont à chaque instant proposés, discutés, adoptés et prescrits par l'autorité communale; leur mise à exécution est confiée aux techniciens spéciaux qu'emploient la municipalité; l'ingénieur fait les ponts, construit les égouts, l'architecte élève et répare les édifices, le financier prépare et mène à bien les emprunts, etc., etc., chacun, en un mot, sert la ville suivant ses aptitudes spéciales et devient indispensable au bon fonctionnement de son administration.

Pourrait-on comprendre que seul le soin de la santé publique soit délaissé, que seul il n'ait pas de représentant technique? On ne se fait que difficilement à cette idée, et cependant c'est ainsi que pendant longtemps les choses se sont passées, et ainsi qu'elles se passent encore dans bon nombre de villes importantes.

Les administrateurs ont souvent une tendance à ne se préoccuper que très médiocrement de la santé publique parce que, sauf exception, ils sont, lorsqu'ils siègent, en excellente santé et que c'est un des travers de l'homme de ne s'intéresser sérieusement qu'à ce qui le touche directement. Celui dont la santé est délicate éprouve un certain plaisir à causer médecin et médecine, drogues et pharmacien, et il est tout prêt à s'indigner lorsque son interlocuteur, débordant de vie et de santé, bâille en l'écoutant, ou, ce qui est pis, traite de sarcastique façon son sujet favori. Il est, il est vrai, bien vengé lorsque ce vigoureux partenaire, atteint à son tour, implore, les larmes aux yeux et l'angoisse au cœur, ceux pour lesquels il n'avait pas la veille assez de mépris et de sarcasmes.

Nous rions de la maladie lorsqu'elle est loin, nous tremblons devant elle dès qu'elle approche.

Ne vaut-il pas mieux la moins dédaigner et nous mesurer avec elle, alors que nous avons quelque chance de n'être point terrassés ? La réponse mérite à peine d'être formulée, mais nous devons remercier les municipalités qui, comme la nôtre, savent être prévoyantes et veiller sur les intérêts de ceux que l'on est obligé de défendre, si souvent, hélas ! malgré et contre eux.

Le premier *bureau d'hygiène*, a été fondé en Italie, à Turin en 1856 ; il est le plus ancien, mais non le mieux organisé. En France, c'est Reims qui a donné l'exemple, en créant en 1862, une institution municipale analogue ; Nancy et le

Hâvre (1879), Bordeaux, St-Etienne (1883), Amiens, (1884), Pau (1885), Nice (1887), Toulouse (1889), Grenoble (1890) et enfin Lyon (1890), ont suivi l'exemple donné par Turin et Reims, en s'inspirant surtout des règles formulées par le Dr Janssens, qui, en 1874, dota la ville de Bruxelles, d'un bureau d'hygiène qui peut encore, à l'heure actuelle, servir de modèle et mérite largement l'excellente réputation dont il jouit auprès des hygiénistes.

Le bureau d'hygiène de Turin, créé le 1er janvier 1856, a été réorganisé en 1880, par le professeur Pachiotti ; il est divisé en quatre sections ; — *Statistique et Démographie.* — *Services sanitaires municipaux.* — *Inspection de la santé publique.* — *Médecins vétérinaires* ; il comprend un très nombreux personnel, médical ou administratif (plus de 60 fonctionnaires), et coûte à la ville 182,000 francs, sur lesquels il faut, je dois le dire, prélever la plus grosse part pour le *service sanitaire de bienfaisance.* Je ne peux, Messieurs, entrer dans le détail de l'organisation des autres bureaux similaires, mais je tiens à insister quelque peu, avant de vous faire connaître ce qui existe à Lyon, sur l'admirable institution de Bruxelles.

C'est le 4 septembre 1871, que M. le conseiller communal Depaix proposa la création, dans cette ville, d'un bureau d'hygiène ; M. le docteur Janssens, fut nommé rapporteur et se montra favorable au nouveau service, qui fut organisé en

1879 et fixé dans ses attributions par un arrêté organique du conseil communal du 25 juillet 1883.

Il comprend cinq sections :

1° Service médical de l'état civil ; statistique démographique et médicale. — Etat sanitaire de la ville ;

2° Soins médicaux au personnel de l'administration communale ; certificats. — Secours en cas d'accidents ou de maladie subite. — Service médical public de nuit. — Service sanitaire des mœurs. — Exploration des aliénés en observation.

3° Surveillance hygiénique et médicale des écoles ;

4° Examen des plans de construction au point de vue de l'hygiène. — Surveillance hygiénique des établissements publics et privés. — Mesures techniques au point de vue de la salubrité publique. — Prophylaxie officielle des maladies contagieuses. — Vaccinations gratuites ;

5° Constatation de la qualité des eaux potables, des aliments, etc.

Son personnel comprend une trentaine de fonctionnaires qui se répartissent en trois groupes principaux : *médical, administratif, technique*. Le premier comprend : un médecin inspecteur chef de service, un médecin inspecteur adjoint, cinq médecins divisionnaires, cinq médecins divisionnaires suppléants, trois médecins du service sanitaire dont un adjoint, un dentiste spécialement attaché aux écoles et plusieurs médecins auxiliaires. L'administration est représentée par un chef de bureau, deux premiers et deux seconds commis ; le service technique enfin comprend un agent de la salubrité (conducteur des travaux), deux agents chargés de la désinfection, un chimiste chef de service, un chimiste préparateur et un aide-préparateur.

Son budget était en 1883 de 44,000 francs.

Il m'est impossible, Messieurs, d'étudier avec détails devant vous le fonctionnement complet du bureau d'Hygiène de Bruxelles, le temps me manque pour cela, et vous pourrez, au reste, trouver tous les renseignements désirables dans les rapports annuels du Dr Janssens, ainsi que dans les très intéressants travaux des docteurs Gibert, (du Hâvre), du Mesnil, Lamouroux et A. Martin.

Mais je désire, par un exemple typique, vous donner une idée de la rapidité avec laquelle les mesures utiles peuvent être prises avec une organisation aussi sagement établie que celle de Bruxelles.

Supposons qu'à 8 heures 1/2 du matin un médecin de quartier soit appelé à constater dans sa clientèle un cas de fièvre typhoïde ; il en informe immédiatement, non pas parce qu'il y est obligé par la loi, mais parce qu'il comprend l'utilité de sa déclaration, le bureau d'hygiène qui, à 9 heures, est avisé qu'un cas de fièvre typhoïde existe dans tel quartier, dans telle maison, chez M. un tel. Aussitôt un inspecteur divisionnaire (médecin) et le commissaire de police sont avertis et se transportent sur les lieux. A 10 heures, un rapport sommaire est déposé par l'inspecteur divisionnaire. A 11 heures, les mesures de désinfection sont prescrites. A midi, le malade, s'il y a lieu, est transporté à l'hôpital par une voiture spéciale aussitôt désinfectée. A deux heures de l'après-midi les urinoirs, les lieux d'aisance, les égouts, etc., sont visités et désinfectés ainsi que le logement contaminé. A 5 heures, tout ce qui a été fait en vue de la salubrité publique est régularisé par le bourgmestre.

M. A. Martin auquel j'emprunte ces renseignements et auquel nous devons être reconnaissants d'avoir mené dans notre pays une intelligente, vigoureuse et efficace campagne en faveur des bureaux d'hygiène, a peut être bien idéalisé ce *modus faciendi* et je doute que les choses puissent se passer toujours aussi correctement et surtout aussi rapidement que dans le cas précité. On cherche en tous cas à se rapprocher le plus possible de cet idéal, et les résultats acquis dont je vous ai déjà parlé témoignent en faveur de l'efficacité des moyens employés.

L'emploi de ces derniers, de ceux surtout qui visent la désinfection et l'assainissement des logements, est au reste favorisé par des mesures excellentes, qui sont propres à la ville de Bruxelles. — C'est ainsi que dans le cas où il est nécessaire d'opérer la désinfection d'un logement de personnes indigentes, qui n'ont à leur disposition qu'une ou deux pièces, toute la famille est hébergée dans un *poste sanitaire* spécial, pendant tout le temps que son domicile reste inhabitable.

Le bourgmestre d'autre part peut, sur le simple avis du service d'hygiène, prononcer l'interdiction d'habitation, sans subir les lenteurs de juridictions variées dont, en ce qui concerne les logements insalubres, nous reconnaissons tous les jours en France les inconvénients et même les dangers.

La municipalité bruxelloise, en un mot, a un souci sérieux de la santé de ses administrés, et elle a été récompensée de ses efforts en voyant la mortalité par maladies infectieuses diminuer chaque année, et la mortalité générale devenir la plus faible parmi celles de toutes les capitales de l'Europe.

La municipalité lyonnaise s'est, elle aussi, depuis plusieurs années, vivement préoccupée de la santé publique; son chef, M. le professeur Gailleton, après avoir obtenu d'elle la création nécessaire de services sanitaires importants : inspection médicale des écoles (1879), inspection des viandes de boucherie (1879), vaccination gratuite (1883), désinfection des locaux et des effets contaminés (1889), etc, avait depuis longtemps songé à réunir tous ces services épars sous une direction unique en fondant un *bureau municipal d'hygiène*.

Le 11 mars 1882, en effet, M. Louis Reverchon présenta et soutint devant la Faculté de médecine de notre ville, sous la présidence de M. le professeur Gailleton, une thèse inspirée, par celui-ci, et intitulée : *Etude sur la création d'un Bureau municipal d'hygiène à Lyon.* Un plan d'organisation de ce bureau, calqué sur celui des villes qui en étaient déjà dotées et surtout de Bruxelles que M. Reverchon avait visité, y était proposé et discuté.

Huit années s'écoulèrent, pendant lesquelles des améliorations furent constamment apportées aux institutions existantes et de nouveaux services furent créés.

Enfin, le 27 mai 1890, M. le professeur Gailleton, maire de Lyon, soumettait au conseil municipal un projet de concentration des divers services d'Hygiène de la ville qui, avec le nom de *Bureau municipal d'Hygiène*, se trouveraient dès lors réunis sous une direction unique. Ce projet, qui avait le grand mérite de ne grever en aucune façon le budget ordinaire, fut approuvé sans opposition, et le 10 juin 1890 un avis administratif annonçait l'ouverture d'un concours pour l'emploi de directeur du bureau d'hygiène de la ville de Lyon; quelques jours plus tard de nouvelles affiches indiquaient les conditions d'un second concours pour une place de sous-directeur.

Les deux concours se sont terminés dans les derniers jours de décembre 1890, et deux arrêtés de M. le maire de Lyon, à la date du 20 décembre, indiquaient d'une part la composition du personnel, tant scientifique qu'administratif, du nouveau bureau d'hygiène et d'autre part les attributions de ce dernier qui furent ainsi fixées :

COMMISSION MUNICIPALE D'HYGIÈNE. : *Maladies endémiques et épidémiques. — Vaccination. — Etablissements insalubres et incommodes — Logements insalubres. — Service de la désinfection. — Inspection des écoles au point de vue médical et de l'hygiène — Etude bactériologique des eaux.*

SERVICE DE LA STATISTIQUE : *Naissances, mariages, décès, certificats médicaux de décès.*

Recensement de la population au point de vue du dépouillement des résultats et de l'établissement des statistiques.

Centralisation des rapports administratifs et documents annuels à présenter au Conseil municipal à l'appui du projet de budget.

Le 1er janvier 1891 le nouveau service prenait possession des locaux qui lui avaient été assignés à l'Hôtel municipal de police, rue Bât-d'Argent, 21, et entrait définitivement en fonctions.

Il se compose actuellement d'un directeur et de deux sous-directeurs (1) docteurs en médecine, d'un chef de bureau chargé plus spécialement de la statistique, d'un commis-rédacteur, d'un expéditionnaire, d'un chef d'équipe de la désin-

(1) A la suite d'un concours récent et par arrêté du 1er mai 1891, un second sous-directeur a été nommé.

fection, d'un chauffeur-mécanicien et de deux infirmiers désinfecteurs. En outre M. l'Inspecteur principal de la boucherie est attaché en qualité de vétérinaire au service de la vaccination qu'il a contribué à créer avec le docteur Chambard (1).

Il m'a paru intéressant, au moment où commence à fonctionner pour la première fois dans notre ville ce nouveau rouage de la défense sanitaire, de jeter un rapide coup d'œil sur son organisation actuelle et les *desiderata* qu'il peut présenter.

Si nous comparons, Messieurs, les attributions du bureau d'hygiène de Lyon à celles de la plupart des institutions analogues de France et de l'étranger, nous constatons tout d'abord d'importantes lacunes qui ne sont comme vous l'allez voir que des lacunes d'attributions. En raison, en effet, de droits acquis et de la très grande valeur des hommes qui sont à leur tête, l'inspection des viandes de boucherie et le laboratoire municipal de chimie n'ont pas été compris dans la nouvelle organisation, et ont conservé leur autonomie propre; ces services fonctionnent indépendamment du bureau d'hygiène et fonctionnent de façon parfaite, grâce à ceux qui les dirigent. Le service

(1) Le service de la vaccination constitue un véritable *Institut vaccinogène* qui produit constamment, sans interruption aucune, de l'excellent vaccin de génisse qu'il fournit gratuitement, non seulement aux médecins de Lyon et du Rhône, mais encore à ceux d'un grand nombre de départements et même de l'étranger. Il est procédé, en outre, chaque jour, au siége du Bureau d'hygiène, et cela gratuitement, à la vaccination ou à la revaccination de quiconque en fait la demande.

médical de nuit, celui des certificats à délivrer aux employés municipaux, celui enfin du dispensaire spécial sont, eux aussi, pour des raisons d'ordre varié et très logiques au reste, indépendants, de sorte qu'à Lyon les attributions du bureau d'hygiène sont beaucoup plus limitées et moins étendues que partout ailleurs.

Telles quelles, elles sont néanmoins suffisantes pour permettre à son personnel, quelque peu restreint, de rendre les services qu'attendent de lui et la municipalité et la population lyonnaises.

C'est surtout à la lutte contre les maladies infectieuses et contagieuses que doivent s'attacher les fonctionnaires du bureau d'hygiène de Lyon. Ils ont à leur disposition pour cela les vaccinations et les revaccinations, qui constituent en somme la meilleure barrière à opposer à la propagation de la variole, la désinfection qui poursuit, dans les logements contaminés, la destruction des organismes pathogènes, l'inspection médicale des écoles et tel autre moyen détourné qui, comme l'analyse microbiologique des eaux, etc., peut à un moment donné jeter sur certaines questions une vive lumière.

Depuis le mois de juin 1889, époque à laquelle l'équipe de la désinfection a été organisée, ce service, grâce à l'énergique impulsion que lui ont imprimée dès le début MM. Bellier et Frehse, directeur et sous-directeur du laboratoire municipal de chimie, grâce aujourd'hui au zèle consciencieux de M. Piron, chef d'équipe, a toujours fonctionné très régulièrement, a rendu et rend encore de grands services.

L'étuve locomobile à vapeur sous pression de Geneste-Herscher, dont on vous projette sur cet écran des photographies destinées à vous en faire comprendre le mécanisme, a peine à suffire à toutes les exigences du public, tant l'habitude de faire désinfecter les effets contaminés est aujourd'hui entrée dans les mœurs de la population lyonnaise ; aussi aurons-nous bientôt une nouvelle étuve fixe située à Perrache, laquelle permettra de répondre avec rapidité à toutes les demandes.

Le bureau d'hygiène de Lyon, Messieurs, vient à peine d'être créé et nous étudions les moyens de lui faire rendre le plus de services possible, en utilisant, au mieux de l'intérêt public, les diverses institutions qu'il a groupées autour de lui.

Pour arriver à bref délai à de sérieux résultats, afin de pouvoir bientôt vous présenter des éléments statistiques démontrant l'influence salutaire de son fonctionnement sur la santé publique, nous faisons appel à toutes les bonnes volontés, à celles de nos confrères qui nous sont indispensables, qui seules à Bruxelles ont permis au docteur Janssens d'édifier son œuvre, à celles de la municipalité qui ne marchande jamais ses votes à une tentative de saine et véritable philanthropie, aux vôtres enfin, Mesdames, Messieurs, qui êtes les représentants éclairés de cette démocratie lyonnaise, si progressiste et si sage en même temps.

Nous comptons aussi sur l'intelligent concours et le bienveillant appui de la presse quotidienne, dont l'influence devient chaque jour de plus en plus prépondérante et qui, mieux que ne le pourraient faire des lois ou des décrets, est capable, par son action sur l'opinion, d'inculquer à chaque citoyen le souci de son propre et véritable intérêt.

Mais c'est à vous surtout, Mesdames, que je m'adresse en terminant; c'est vous qui, au foyer de la famille, constituerez, par vos avis et vos conseils, nos plus intelligentes collaboratrices. Vous êtes les hygiénistes nées de la maison; vous ne faillirez pas, j'en suis sûr, à la tâche que nous vous confions.

FIN

1569 — Imp. L. Delaroche et Cie, place de la Charité, 10, Lyon.

www.ingramcontent.com/pod-product-compliance
Ingram Content Group UK Ltd.
Pitfield, Milton Keynes, MK11 3LW, UK
UKHW020216200726
13856UKWH00004B/1422